COLEGIO DE BACHILLERES

SECRETARÍA ACADÉMICA
COORDINACIÓN DE ADMINISTRACIÓN
ESCOLAR Y DEL SISTEMA ABIERTO

COMPENDIO FASCICULAR

TÉCNICAS DE ANÁLISIS Y
PROGRAMACIÓN DE
SISTEMAS

FASCÍCULO 1.   INTRODUCCIÓN A LOS SISTE-
MAS

FASCÍCULO 2.   TÉCNICAS DE ANÁLISIS

FASCÍCULO 3.   TÉCNICAS DE PROGRAMACIÓN
ESTRUCTURADA

FASCÍCULO 4.   METODOLOGÍA OMT

LIMUSA
NORIEGA EDITORES
MÉXICO • España • Venezuela • Colombia

Colegio de Bachilleres
    Técnica de análisis y programación de sistemas /
Colegio de Bachilleres. -- 2a. ed. – México : Limusa, 2005
114 p. : il. ; 17 cm.
ISBN 968-18-6700-9.
Rústica.
1.Sistemas
Dewey: 003 –dc21

D.R. © COLEGIO DE BACHILLERES, 1A. ED., 2004
PROLONGACIÓN RANCHO VISTA HERMOSA,
NÚM. 105, COL. EX HACIENDA COAPA, DELEG.
COYOACÁN, C.P. 04920, MÉXICO, D.F.

DIRECTORIO DEL COLEGIO DE BACHILLERES

JORGE GONZÁLEZ TEYSSIER
DIRECTOR GENERAL

JAVIER GUILLÉN ANGUIANO
SECRETARIO ACADÉMICO

ÁLVARO ÁLVAREZ BARRAGÁN
COORDINADOR DE ADMINISTRACIÓN ESCOLAR Y DEL
SISITEMA ABIERTO

D.R. © COEDICIÓN COLEGIO DE BACHILLERES /
EDITORIAL LIMUSA S.A. DE C.V., 2A. ED., 2005

PRESENTACIÓN GENERAL

El Colegio de Bachilleres, en respuesta a las inquietudes de los estudiantes por contar con materiales impresos que faciliten y promuevan el aprendizaje de los diversos campos del saber, ofrece a través del Sistema de Enseñanza Abierta este compendio fascicular, resultado de la participación activa, responsable y comprometida del personal académico, que a partir del análisis conceptual, didáctico y editorial aportó sus valiosas sugerencias para su enriquecimiento y se aunó a las propuestas educativas de la Institución.

Este compendio fascicular es producto de un primer esfuerzo académico del Colegio por ofrecer a todos sus estudiantes un material de calidad que apoye su proceso de enseñanza-aprendizaje, conformado por fascículos.

Por lo tanto, se invita a la comunidad educativa del Sistema de Eseñanza Abierta a compartir este esfuerzo y utilizar el presente material para mejorar su desempeño académico.

DIRECCIÓN GENERAL

PRESENTACIÓN DEL COMPENDIO FASCICULAR

Estudiante del Colegio de Bachilleres, te presentamos este compendio fascicular que te servirá de base en el estudio de la asignatura "Técnicas de Análisis y Programación de Sistemas" y que funcionará como guía en tu proceso de enseñanza-aprendizaje.

Este compendio fascicular presenta la información de manera accesible, y propicia nuevos conocimientos, habilidades y actitudes que te permitirán el acceso a la actividad académica, laboral y social.

Cuenta con una presentación editorial integrada por fascículos y temas que te permitirán avanzar ágilmente en el estudio y te llevarán de manera gradual a consolidar tu aprendizaje en esta asignatura. Esto con la finalidad de que adquieras y apliques los conocimientos sobre las técnicas de análisis y programación estructurada y comprendas el uso de la metodología OMT, mediante el razonamiento de sus conceptos, estructura y uso, con el objeto de reconocer su valor al optimizar el proceso de resolución de problemas.

COLEGIO DE BACHILLERES

TÉCNICAS DE ANÁLISIS Y PROGRAMACIÓN DE SISTEMAS

ÍNDICE

INTRODUCCIÓN

El Colegio de Bachilleres, a través de su plan de estudios, te ofrece la Capacitación en Informática, la cual te brinda los elementos necesarios para que tengas la opción de integrarte al campo laboral.

La informática ha pasado a ser un instrumento estratégico para mejorar la calidad de los productos generados, permitiendo así una mejor productividad, eficiencia y competitividad, inclusive a nivel mundial.

De esta forma, la capacitación en informática considera los avances tecnológicos y las necesidades en el medio laboral; con esto, al egresar de esta capacitación te desempeñarás como enlace entre usuarios de sistemas de información y computadoras personales conectadas en red o independientes, utilizando programas integrados de aplicación general o específica y elementos básicos de redes, para resolver problemas que requieran la manipulación y organización de información, así como la transmisión de la misma por Internet.

La asignatura de *Técnicas de análisis y programación de sistemas* te ofrece las bases teóricas y metodológicas para analizar y reestructurar la información de los sistemas informáticos, haciendo énfasis en el manejo de las técnicas como herramientas para la programación.

La intención de este material es proporcionarte los elementos necesarios para que integres los aprendizajes de la asignatura, los ejercites y finalmente te evalúes.

En la mayoría de las organizaciones los sistemas son esenciales debido a que la información es un recurso crítico y tan necesario como cualquiera de los elementos con que ellas cuentan.

Las organizaciones tienen la necesidad de producir información para un mayor número de usuarios de los sistemas de información, así como para el público en general. Ésta se requiere para evaluar situaciones, al igual que el desempeño de funciones y hasta productos nuevos en el mercado.

Como base de la calidad de la información hay que destacar tres atributos principales que conllevan a un buen tipo de sistema de información:

CALIDAD DE LA INFORMACIÓN		
E X A C T I T U D	O P O R T U N I D A D	R E L E V A N C I A

ATRIBUTOS DE LA CALIDAD DE LA INFORMACIÓN

Para resolver cualquier duda o inquietud que tengas a lo largo de la lectura, acude con tu asesor de contenido.

PROPÓSITO

La intención de este compendio fascicular es:

¿Qué aprenderás?

Los conceptos básicos de los sistemas de información, a partir de técnicas aplicadas a la elaboración de análisis de sistemas y técnicas de programación estructurada, llamada modular.

¿Cómo lo aprenderás?

A través de diagramas estructurados, diagramas de flujo de datos, pseudocódigos y árboles y tablas de decisión; basados en la programación estructurada y programas informáticos elementales.

¿Para qué lo aprenderás?

Para organizar, analizar, administrar, desarrollar y estructurar sistemas de información, utilizando tecnología (OMT) Object Metodology Tride.

COLEGIO DE BACHILLERES

TÉCNICAS DE ANÁLISIS Y PROGRAMACIÓN DE SISTEMAS

FASCÍCULO 1. INTRODUCCIÓN A LOS
SISTEMAS

COLEGIO DE BACHILLERES

TÉCNICAS DE ANÁLISIS Y
PROGRAMACIÓN DE
SISTEMAS

FASCÍCULO 1. INTRODUCCIÓN A LOS SISTEMAS

OBJETIVO. Explicarás los sistemas de información: mediante la conceptualización, caracterización y ciclo de vida de los sistemas, así como a través de los elementos que componen a los sistemas de información, lo que te permitirá conformar un marco contextual para analizar los sistemas informáticos elementales.

Los contenidos se organizan con una lógica que va de lo general (el sistema) a lo particular (sistema de información-sistema informático), y con un carácter integrador de los conceptos rectores.

A continuación te presentamos los temas clave que estudiaremos en este fascículo:

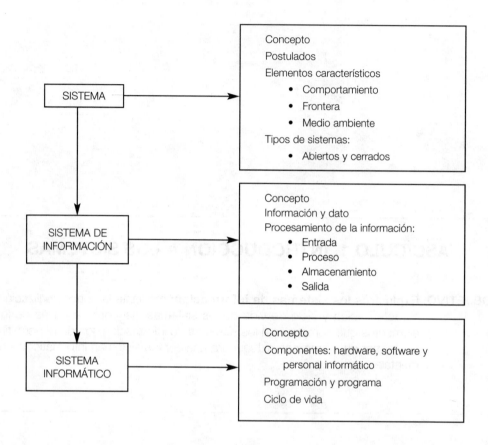

Es común escuchar en diferentes momentos y situaciones de la vida cotidiana expresiones relacionadas con los "sistemas", por ejemplo:

Es necesario dar mantenimiento al Sistema de Transporte Colectivo Metro.
El sistema educativo mexicano se encuentra en crisis.
Nuestro planeta forma parte del sistema solar.
Su enfermedad se debe a fallas del sistema circulatorio.
El sistema eléctrico fue el causante del accidente automovilístico.

1.1 INTRODUCCIÓN A LOS SISTEMAS DE INFORMACIÓN

¿Qué es un sistema?

Es un conjunto de elementos relacionados entre sí que forman un todo coherente que permite el logro del objetivo para el que fue creado.

Por ejemplo, la empresa es un sistema, ya que en ésta identificamos distintas gerencias y departamentos que, articulados coherentemente y cumpliendo cada uno con la tarea asignada, les permite alcanzar el objetivo para lo que fue creada: prestar un servicio (por ejemplo comunicar por vía telefónica a las personas) o elaborar un producto (por ejemplo un barniz para uñas).

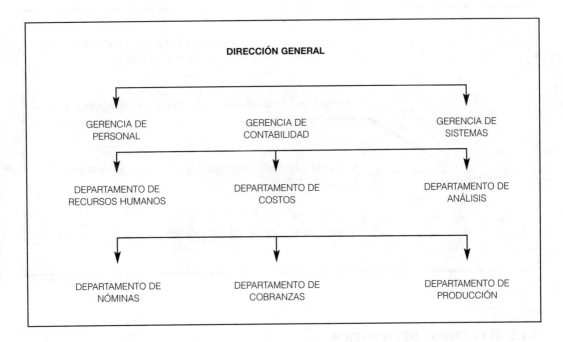

1.1.1 SISTEMA

¿Qué pasaría si en un departamento de la empresa los empleados dejaran de trabajar?

El efecto sería que la empresa no llevaría a cabo las funciones esperadas, no prestaría el servicio o no elaboraría el producto para el que fue creada.

El automóvil es otro ejemplo de un sistema, ya que la carrocería, los componentes eléctricos, mecánicos y líquidos, así como la estructura técnica armada lógicamente permiten llevar a cabo su objetivo principal: transportar a las personas de un lugar a otro.

Cada elemento del automóvil tiene un trabajo que cumplir, si faltara alguno de éstos el vehículo no funcionaría.

Fue el biólogo Ludwig Von Bertalanffy quien propuso por primera vez "La teoría general de los sistemas" como un esfuerzo por reorientar las concepciones que sobre el estudio de los cuerpos organizados (sistemas) se tenían, formulando los siguientes postulados:

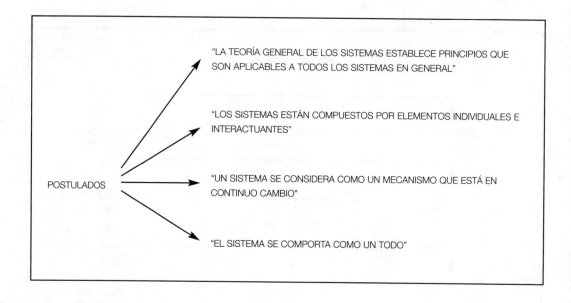

POSTULADOS

"LA TEORÍA GENERAL DE LOS SISTEMAS ESTABLECE PRINCIPIOS QUE SON APLICABLES A TODOS LOS SISTEMAS EN GENERAL"

"LOS SISTEMAS ESTÁN COMPUESTOS POR ELEMENTOS INDIVIDUALES E INTERACTUANTES"

"UN SISTEMA SE CONSIDERA COMO UN MECANISMO QUE ESTÁ EN CONTINUO CAMBIO"

"EL SISTEMA SE COMPORTA COMO UN TODO"

1.1.2 ELEMENTOS DEL SISTEMA

¿Cuáles son los elementos que caracterizan a los sistemas?

Son tres los elementos fundamentales:

a) COMPORTAMIENTO

Consiste en las acciones y reacciones que tiene el sistema en relación con su medio ambiente.

En este sentido, puede ser de tres tipos: determinístico, homeostático y teleológico.

COMPORTA-MIENTO	CONCEPTO	EJEMPLO
Determinístico	Es el comportamiento en el que se define con seguridad qué tipo de acciones o procesos se realizarán, sin dejar lugar a dudas.	Funcionamiento del interruptor do un foco.
Homeostático	Comportamiento que busca un estado de equilibrio dinámico de los elementos del sistema mediante la regulación o retroalimentación.	Regulación de la temperatura en el cuerpo humano.
Teológico	Se observa en todos los sistemas porque mantienen un proceso y un curso de acción que permite alcanzar el fin u objetivo.	Una institución bancaria se crea con el propósito de satisfacer los objetivos

b) FRONTERA

Es el límite o línea divisoria entre lo que constituye el sistema y lo que forma parte del medio ambiente.

Por ejemplo, las naciones declaran sus propias fronteras con el fin de planificar y controlar sus operaciones económicas, sociales y culturales dentro de su territorio.

La frontera permite englobar todas las características y elementos del sistema, identificando con seguridad el resultado de cualquier acción o proceso dentro del sistema (**parte interna**).

La frontera la define el mismo tamaño del sistema, dependiendo de su ubicación dentro del contexto. Un sistema puede variar en su tamaño y dividirse en módulos o subsistemas, y cada una de estas partes se puede considerar como un sistema de menor tamaño. Por ejemplo, la Secretaría de Educación Pública es un subsistema del sistema de la Administración Pública (gobierno) del país.

Es por ello que el marco de actuación de un sistema debe delimitarse con exactitud para evitar la estructuración de un sistema mayor al que se plantee originalmente o abordar elementos que aporten complejidad al mismo, impidiendo su planeación, operación y/o evaluación.

c) MEDIO AMBIENTE

Entendido como todo aquello que rodea y condiciona el comportamiento del sistema (**parte externa**). Por ejemplo, la República Mexicana se ve afectada en sus actividades cotidianas durante todo el año por diversos fenómenos ambientales: lluvias, nevadas, sismos, etc. Cabe mencionar que no existe sistema sin medio ambiente.

1.1.3 TIPOS DE SISTEMA

Estas tres características: comportamiento, frontera y medio ambiente, contribuyen en la comprensión de los llamados sistema abierto y sistema cerrado, los cuales consisten en:

Sistema abierto

Es aquel que interactúa con el medio ambiente permitiendo el intercambio de información, elementos físicos, biológicos o energía, de tal forma que el sistema está en constantes cambios. Por ejemplo, una agenda telefónica se modifica permanentemente por el cambio de números telefónicos, la incorporación de nuevas personas o instituciones, etcétera.

Sistema cerrado

Son los que no presentan intercambio de información y no permiten ninguna influencia del medio. Aunque en rigor todos los sistemas son abiertos, este tipo de sistema busca controlar los elementos y relaciones para no sufrir modificación alguna; por ejemplo un videojuego, que difícilmente será modificado por el usuario.

1.2 SISTEMA DE INFORMACIÓN

¿Qué es un sistema de información?

Es un conjunto de *datos* organizados lógicamente que permiten reducir la situación de incertidumbre de un sujeto, institución o empresa en un momento determinado.

¿Recuerdas qué es un sistema?

Comprendiendo por Información:

Al conjunto de datos que en un momento dado permite reducir la incertidumbre sobre un hecho o materia.

Y al dato como:

Un *valor* o anotación con respecto a un determinado hecho o materia; se considera como el elemento principal de la información.

El siguiente ejemplo de sistema de información muestra la integración de estos conceptos:

* Elaboración de la agenda telefónica de los alumnos de quinto semestre.

La agenda telefónica tiene la función de clasificar los nombres de personas, su dirección, teléfono y un espacio para anotar algún dato particular. Si faltara uno de estos datos la información no estaría completa, o si manejamos el número de teléfono de forma independiente no podríamos identificar a qué persona corresponde.

1.2.1 ETAPAS DEL PROCESAMIENTO DE INFORMACIÓN

Obtener y manejar los datos que posibiliten la realización de un proyecto o la resolución del problema a través de un sistema, implica llevar a cabo el **PROCESAMIENTO DE LA INFORMACIÓN**, el cual se realiza a partir de las siguientes etapas:

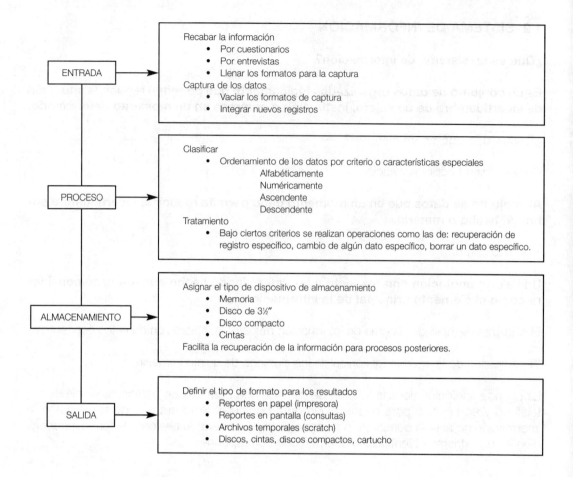

Recabar, capturar, clasificar, ordenar, modificar, guardar, recuperar y buscar la mejor forma de presentar la información son acciones que debemos tener siempre presentes para contribuir en la resolución del problema planteado.

Por ejemplo, el proceso que sigue la información para llevar a cabo la votación para elegir representante de grupo puede ser representado de la siguiente forma:

1.3 SISTEMA INFORMÁTICO

¿Qué es un sistema informático?

Es el conjunto de elementos utilizados en el manejo de información de manera automatizada.

El manejo de la información de forma manual puede ser en algunos casos muy lento y complicado, por lo que se han desarrollado procesos de automatización de la información creando los llamados sistemas informáticos, como es el caso del sistema de cobro de la empresa Teléfonos de México.

1.3.1 COMPONENTES DE LOS SISTEMAS INFORMÁTICOS

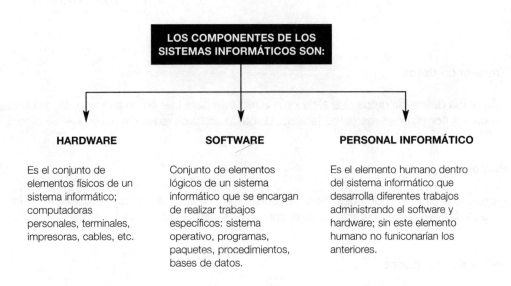

LOS COMPONENTES DE LOS SISTEMAS INFORMÁTICOS SON:

HARDWARE	**SOFTWARE**	**PERSONAL INFORMÁTICO**
Es el conjunto de elementos físicos de un sistema informático; computadoras personales, terminales, impresoras, cables, etc.	Conjunto de elementos lógicos de un sistema informático que se encargan de realizar trabajos específicos: sistema operativo, programas, paquetes, procedimientos, bases de datos.	Es el elemento humano dentro del sistema informático que desarrolla diferentes trabajos administrando el software y hardware; sin este elemento humano no funicionarían los anteriores.

Con estos componentes se lleva a cabo la **PROGRAMACIÓN**, que consiste en:

La solución a un problema mediante la combinación apropiada de operaciones (algoritmos), que pueden ser: lógicas, aritméticas y palabras reservadas que se concretan en la elaboración de un programa.

Entendiendo por **PROGRAMA** al:

Conjunto de instrucciones que sigue la computadora para alcanzar un resultado específico. Este concepto fue introducido por Von Neumann en el año de 1946.

El programa se divide en tres fases o especificaciones:

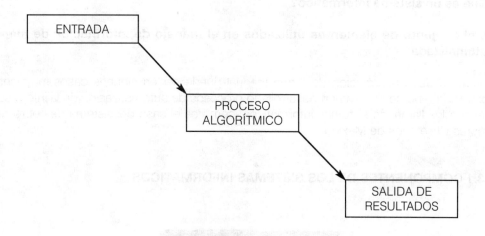

Entrada de datos

Esta etapa define los datos que el programa requiere para leer en un proceso; éstos pueden ser dados por dispositivos como teclado, discos o archivos externos.

Proceso

Programa o algoritmo de solución. Es el conjunto de instrucciones que procesarán la información de entrada para realizar alguna operación lógica o aritmética.

Salida de resultados

En esta parte se define el tipo de dispositivo en el que se mostrarán los resultados de los cálculos o procesos realizados por el programa.

1.3.2 ETAPAS DEL CICLO DE VIDA DE UN SISTEMA

Los sistemas informáticos, como cualquier otro sistema, tienen un CICLO DE VIDA que los prepara para responder a las necesidades planteadas de manera óptima. El ciclo de vida se conforma por las siguientes etapas:

Etapa 1. Estudio de factibilidad

Es un preestudio sobre las operaciones actuales del sistema en operación. Su objetivo final es establecer los beneficios como desventajas de proyectar un nuevo sistema que sustituya al actual. Se basa en la evaluación de tres aspectos fundamentales:

Factibilidad económica

Considera el presupuesto que proporciona la organización para realizar las especificaciones propuestas por el usuario.

Factibilidad técnica

Se aboca a estudiar y reportar el equipo de cómputo que sirve de soporte para las operaciones realizadas actualmente. Basándose en los requerimientos del usuario, evalúa la posibilidad de adquirir nuevas herramientas de trabajo.

Factibilidad operativa

Evalúa la funcionalidad del sistema actual y las ventajas esperadas con la instalación de un nuevo sistema, así como las reacciones del personal involucrado.

Etapa 2. Análisis de sistemas

Cuando el problema ha sido identificado, los analistas recopilan y analizan los datos acerca de las operaciones actuales del procesamiento de datos para poder decidir cuáles serán las nuevas actividades que reemplazarán a las actuales.

Principales actividades

Las actividades que se realizan con mayor frecuencia son:

- Entrevistas con los usuarios.
- Análisis de la documentación existente.
- Definición de los datos elementales.
- Definición de la organización y estructura de los datos.
- Analizar los procesos que definen la funcionalidad del sistema.
- Definir los componentes del sistema que se mencionaron en el diccionario de datos.

Etapa 3. Diseño de sistemas

Las principales actividades que se realizan en esta etapa, que incluyen el diseño de la base de datos, son:

- El diseño de la construcción de los módulos y submódulos del sistema.
- Diseño de los formatos de entrada y salida de información por pantalla.
- Definir las acciones físicas que podrían ocurrir en el sistema a cualquier nivel.
- Estructuras físicas de las bases de datos.
- Elaboración de manuales técnicos y operativos del sistema.

Etapa 4. Construcción

En esta etapa se definen las estructuras de los archivos, bases de datos y se desarrollan los programas que integrarán el sistema, tomando en cuenta los diagramas de flujo y diccionarios de datos. Al finalizar esta fase se proporcionarán los siguientes elementos:

- Los programas fuentes de cada módulo.
- Documentación técnica.
- Descripción de las pruebas que confirman la seguridad del sistema módulo por módulo y de forma general.
- Documentación de operación.

Etapa 5. Pruebas

En esta etapa se pone a prueba el funcionamiento del sistema y se valoran los resultados para detectar si existen errores con el fin de corregirlos y con ello cumplir con los objetivos planteados inicialmente.

Etapa 6. Implantación

En esta etapa se prepara el sistema para sustituir al anterior y se pone en funcionamiento (en línea); a esta etapa se le llama liberación del sistema.

Etapa 7. Mantenimiento

Todo sistema debe estar en constante actualización para adaptarse a diversos elementos cambiantes en su medio ambiente (nuevos módulos o procesos), obteniendo al final de la fase la:

- Actualización del software.
- Actualización de la documentación.

ACTIVIDAD DE REGULACIÓN

Realiza las siguientes actividades:

I. Cadena alimenticia[1]

En un hábitat forestal, la energía para la vida tiene su origen en el sol. Las plantas utilizan la energía solar para fabricar alimentos. Los animales herbívoros comen plantas y sirven de alimento a los animales carnívoros. Por ejemplo, la luz solar hace crecer a las plantas produciendo frutos como la bellota, que es la comida del ratón, que a su vez es la comida del búho.

Esta cadena alimenticia, ¿es un ejemplo de sistema?

¿Sí, no, por qué? Argumenta tu respuesta:

_____

_____

_____

_____

II. Aire caliente[2]

¿Te has preguntado alguna vez por qué el humo del fuego asciende? La razón es que el aire caliente es más ligero que el aire frío, y por eso se eleva. Los globos aerostáticos suben gracias a la ascensión del aire caliente. Un globo no es más que una gran bolsa de tela o material ligero. El aire al interior del globo se calienta con un quemador de gas. Esto hace que el globo ascienda hacia la atmósfera más fría.

---

[1] Tomado de la *Biblioteca de los experimentos*, Tomo 3, Everest, S.A., España,1998.
[2] *Ibídem*.

En este ejemplo menciona y explica: ¿cuál es la frontera? ¿Cuál es el medio ambiente? ¿Cuál es el sistema?

_____

_____

_____

_____

_____

III. Reciclaje

Reciclar significa extraer menos materia prima de la tierra y contribuye a ahorrar energía. Miguel Landeros Urbina, representante del comité vecinal, ha observado que el equipo de limpia de la colonia capta muchos envases de cristal y de cartón, materiales que pueden ser reciclados. Miguel quiere poner un taller de reciclado, pero no sabe cuál es el más rentable, si el papel o el cristal. Para ello ha decidido hacer un estudio con duración de un mes, que le permita recopilar la información necesaria para tomar la decisión de qué material elegir.

Sugiere a Miguel qué actividades debe realizar, qué instrumentos puede utilizar y cómo presentar el reporte final. Completa el cuadro de la siguiente página.

Procesamiento de información	Actividades	Instrumentos	Reporte final
Entrada			
Proceso			
Almacenamiento			
Salida			

IV. Construcción de secundaria

La SEP pretende construir una Secundaria en la zona escolar que corresponde al municipio de Villa Nicolás Romero, Estado de México. Para ello elaborarán un estudio de la población que potencialmente acudiría a dicha escuela, con objeto de conocer qué tan factible es la realización de este proyecto.

El estudio lo realizarán a través de un cuestionario con preguntas referidas a la edad, grado escolar y sexo, aplicado casa por casa.

Para concentrar la información se han establecido los siguientes rangos de edad:

Edad	Grado escolar		Sexo	
De 10 a 12	Primaria	Secundaria incompleta	Femenino	Masculino
De 13 a 15				
Más de 15				

Con objeto de utilizar la información para proyectos futuros del municipio, se ha decidido almacenar la información en disquetes y presentar un reporte por escrito al presidente municipal.

En este caso

La etapa de entrada corresponde a: _____

La etapa del proceso corresponde a: _____

La etapa de almacenamiento corresponde a: _____

La etapa de salida corresponde a: _____

V. Servicio de préstamo de libros

El director del plantel quiere mejorar el servicio de préstamo de libros en la biblioteca; para llevar a cabo este interesante proyecto requiere de tu ayuda. La primera tarea consiste en conocer cómo funciona la biblioteca, por lo que te ha diseñado un cuestionario que debes contestar:

Cuestionario: préstamo de libros en la biblioteca

1. ¿Cuál es el objetivo del sistema préstamo de libros?

_____

_____

_____

2. ¿Cuáles son sus elementos principales?

_____

_____

_____

3. ¿Cuáles son las fronteras del sistema?

_____

_____

_____

4. ¿Qué elementos del medio ambiente pueden afectar (modificar) al sistema?

_____

_____

_____

5. ¿Qué tipo de comportamiento presenta?

_____

_____

_____

6. ¿Qué tipo de información requiere para su óptimo funcionamiento?

_____

_____

_____

7. ¿Cómo recaba la información requerida?

_____

_____

_____

8. ¿Cómo ordena la información?

_____

_____

_____

9. ¿Qué dispositivos utiliza para almacenarla?

_____

_____

_____

10. ¿Cómo se controla el servicio de préstamo?

_____

_____

_____

11. ¿Recuerdas cuáles son las tres etapas del proceso de información?

_____

_____

_____

¡Gracias por tu participación!

VI. Servicio de renta de videos

A Víctor y Lidia los han contratado en un negocio de renta de videos; su tarea consiste en analizar una gran cantidad de preguntas. Ayúdalos contestando lo siguiente:

1. ¿Qué submódulos, subsistemas o procesos identificas para llevar a cabo el préstamo de videos?

_____

_____

_____

2. ¿Cuáles son los datos y la información que se requiere para llevar a cabo el servicio ofrecido?

_____

_____

_____

3. ¿En qué parte del proceso préstamo de videos se genera la autorregulación o retroalimentación?

_____

_____

_____

4. ¿Qué etapas seguirías para llevar a cabo un proceso rápido y efectivo de renta de videos?

_____

_____

_____

VII. Caso industria SAMBLER

La industria SAMBLER es una empresa especializada en el ensamblaje de productos electrónicos, ubicada en la Ciudad de México, que recibe las piezas de ensamblaje de diferentes proveedores, tales como Taiwán, Hong Kong, Estados Unidos y Singapur, ensamblando para su propia marca SAMBLERING y distribuyéndolos en diferentes tiendas de toda la República Mexicana.

La empresa fue fundada por Mario González Irra en 1986, quien con un mínimo de capital y con el apoyo de varios amigos decidió abrir un pequeño local con la intención de componer aparatos electrónicos y vender otros armados por ellos mismos. La empresa funcionó y fue creciendo hasta tener alcance nacional. Actualmente Mario González Irra es el presidente de la misma y la empresa se encuentra formada por las áreas de: mercadotecnia, producción, distribución, ventas y una dirección, tal y como se muestra en el siguiente organigrama.

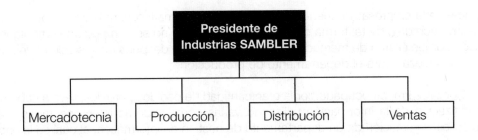

El departamento de mercadotecnia, a cargo de Juan Gómez, es el encargado de solicitar a los proveedores las diferentes partes que se requieren para ensamblar la gama de productos electrónicos que se venden, considerando las diferentes solicitudes que le realiza el área de producción, tratando de contar siempre con piezas sobrantes.

El área de producción se encarga de ensamblar los diferentes aparatos a partir de la demanda de compra detectada en el área de ventas; los productos que se ensamblan son televisores, estéreos, videograbadoras, cámaras de video y DVD. Este departamento está a cargo de Hugo Montes López.

El departamento de distribución, coordinado por Reyna Sáenz, se encarga de enviar a todas las tiendas de la República Mexicana, con las que existen convenios de exhibición, los productos solicitados para su venta; en caso de que en determinado tiempo no se venda algún artículo, éste se regresará a la empresa, con la intención de enviar nuevos modelos.

El área de ventas se encarga de programar la recepción de los pedidos, así como su facturación, solicitando al área de producción los artículos necesarios para el pedido y al departamento de distribución su envío. Este departamento se encuentra a cargo de Luis Godínez.

Nota: es importante aclarar que otras áreas de tipo administrativo, tales como recursos humanos, no se considerarán en este ejemplo.

Actualmente la empresa no cuenta con un sistema informático para llevar todos los procesos involucrados, de tal forma que en varias ocasiones no se han podido surtir algunos pedidos porque el área de mercadotecnia se entera hasta después de la solicitud de comprar ciertas piezas para el departamento de producción.

Mario González Irra, preocupado por la gran cantidad de pedidos perdidos, lleva a cabo una sistematización de la información utilizando varias computadoras interconectadas; para "esto solicita la creación de un departamento de gestión de informática, al cual se le encomienda el proyecto con carta abierta en lo relacionado con gastos y contratación del personal pertinente.

La persona a cargo de este nuevo departamento es Manuel Soto Hernández, ingeniero en sistemas computacionales, el cual desconoce completamente el objeto de la empresa y de cada uno de sus departamentos, por lo cual requiere mantener una estrecha relación con el director de la empresa y con los diferentes responsables de cada departamento.

Manuel Soto Hernández comienza el proyecto teniendo una serie de entrevistas con los jefes de departamento y, a partir de esto, define un cronograma de actividades para realizar visitas guiadas a los departamentos, donde los empleados le "platican" acerca de las actividades y le responden una serie de cuestionarios, para recabar toda la información necesaria que permita conocer el funcionamiento y la relación entre los departamentos.

Una vez concluidas sus visitas, Manuel Soto se entrevista con el director y le comenta que el tiempo que tardará en generar el sistema informático será de seis meses con un costo de $1'500,000.00 y con la necesidad de contratar a cinco empleados que conozcan un programa informático.

Con base en el caso anterior, identifica las dos etapas del ciclo de producción que presentan y explica cómo realizarías las cinco restantes. Utiliza y completa el siguiente cuadro para dar tus respuestas:

ETAPAS DEL CICLO DE VIDA PARA EL DISEÑO DE SISTEMAS	CASO INDUSTRIAS SAMBLER
Factibilidad	
Análisis	
Diseño	
Construcción	
Pruebas	
Implantación	
Mantenimiento	

VIII. Realiza lo que se te pide a continuación:

a) Sistema

INSTRUCCIONES: anota en el paréntesis la letra que corresponda a la opción correcta.

1. ( ) *Al conjunto de elementos relacionados entre sí que forman un todo coherente y permiten el logro del objetivo para el que fue creado se le llama...*

   a) Ambiente
   b) Objetivo
   c) Sistema
   d) Enfoque
   e) Frontera

2. ( ) *Creador de la Teoría general de los sistemas.*

   a) Pascal
   b) Darwin
   c) Newton
   d) Yourdon
   e) Bertalanffy

3. ( ) *¿Cómo se llama al sistema que interactúa con el medio ambiente permitiendo el intercambio de información, elementos físicos, biológicos o energía, de tal forma que el sistema está en constantes cambios?*

   a) Interactuante
   b) Dinámico
   c) En línea
   d) Flexible
   e) Abierto

4. ( ) *Este comportamiento es el más simple, ya que podemos definir con seguridad qué tipos de acciones o procesos realizará.*

   a) Teleológico
   b) Equifuncional
   c) Probabilístico
   d) Homeostático
   e) Determinístico

5. (   ) Este comportamiento se observa en todos los sistemas, ya que mantiene un proceso y un curso de acción que le permite alcanzar un fin u objetivo.

a) Teleológico
b) Equifuncional
c) Probabilístico
d) Homeostático
e) Determinístico

6. (   ) La característica fundamental de este comportamiento es mantener el equilibrio do los elementos del sistema.

f) Teleológico
g) Equifuncional
h) Probabilístico
i) Homeostático
j) Determinístico

7. ( ) Es el tipo de sistema que no presenta intercambio de información y no permite influencia del medio.

a) Final
b) Pasivo
c) Cerrado
d) Inflexible
e) Determinístico

8. (   ) Es el límite o línea divisoria entre lo que constituye el sistema y lo que forma parte del medio ambiente.

a) Ruta
b) Marco
c) Rango
d) Franja
e) Frontera

9. (   ) Es todo aquello que rodea y condiciona el comportamiento del sistema.

a) Marco referencial
b) Medio ambiente
c) Sistema externo
d) Enfoque contextual
e) Frontera de sistema

IX. Sistema de información y sistema informático

INSTRUCCIONES: relaciona las dos columnas y anota en el paréntesis la letra que corresponda a la opción correcta.

1 (　) Hardware

a) En esta parte del procesamiento se recaba la información.

2 (　) Salida

b) Es el conjunto de datos clasificados y procesados.

c) En esta parte del procesamiento se asignan dispositivos para guardar la información.

3 (　) Proceso

d) Conjunto de elementos lógicos de un sistema informático que se encargan de realizar trabajos específicos: programas, paquetes, etc.

4 (　) Sistema informático

e) Es la solución a un problema mediante la combinación apropiada de operaciones (llamadas algoritmos, lógicas, aritméticas y palabras reservadas).

5 (　) Entrada

f) Es el conjunto de elementos físicos de un sistema informático (computadoras personales, terminales, impresoras, cables, etc.).

6 (　) Almacenamiento

g) Define el tipo de formato para los resultados.

7 (　) Dato

h) Es el elemento principal de la información.

i) Es el conjunto de elementos utilizados en el manejo de procesos informáticos. Se clasifican en tres elementos principales (hardware, software, personal informático).

8 (　) Información

9 (　) Programación

j) Conjunto de instrucciones que sigue la computadora para alcanzar un resultado específico.

10 (　) Software

k) Es el conjunto de instrucciones que procesarán la información de entrada para realizar alguna operación lógica o aritmética.

11 (　) Programa

l) Conjunto de datos que se relacionan con el mismo elemento.

X. Análisis de un caso

INSTRUCCIONES: en la columna de la izquierda aparecen conceptos referidos al sistema, relacionados con las características referidas al servicio que se presta a través de un cajero automático. Anota en el paréntesis la letra que corresponda a la respuesta correcta.

1. Retiro máximo $ 2,000.00

2. Anota tu número confidencial.

3. Servicio de cajero automático.

4. Reporte en papel.

5. Realizar operaciones inmediatas.

6. Corte de energía.

a) (   ) Salida

b) (   ) Sistema

c) (   ) Entrada

d) (   ) Frontera

e) (   ) Objetivo

f) (   ) Medio ambiente

g) (   ) Comportamiento

COLEGIO DE BACHILLERES

TÉCNICAS DE ANÁLISIS Y PROGRAMACIÓN DE SISTEMAS

FASCÍCULO 2. TÉCNICAS DE ANÁLISIS

COLEGIO DE BACHILLERES

TÉCNICAS DE ANÁLISIS Y
PROGRAMACIÓN DE
SISTEMAS

FASCÍCULO 2. TÉCNICAS DE ANÁLISIS

OBJETIVO. Aplicarás las técnicas de análisis de sistemas, orientadas al flujo de datos, estructura de datos y toma de decisiones; a través de su conceptuación, etapas, estructura y reglas de construcción en la resolución de problemas, lo que te permitirá representar y organizar la información en un sistema.

A continuación te presentamos los temas clave que estudiaremos en este fascículo.

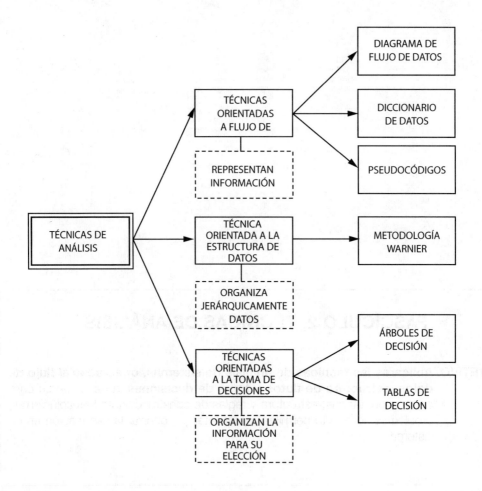

Posiblemente la primera pregunta que viene a tu mente es: ¿qué razón tengo para iniciar un análisis de sistema?

De acuerdo con esta pregunta, la respuesta es que los analistas deberán observar algunas condiciones cumplidas, como:

- Mejorar a un sistema ya establecido.
- Una mejora a algún módulo.
- Nuevos requerimientos.
- Soluciones a problemas no planeados.

El objetivo tanto de un usuario como de los analistas de sistemas durante y antes del análisis debe ser llegar a un acuerdo de ideas para establecer lo que realmente se necesita para realizar el trabajo y lo que el sistema les puede proporcionar.

Una sola razón deberá bastar para iniciarlo; sin embargo será a solicitud del usuario el que se haga o no, ya que si se inicia generaría gastos, los cuales (casi siempre) los absorberá el cliente.

En ocasiones se podrá elaborar un análisis preliminar, el cual si bien no nos deja una ganancia económica, nos ofrece una panorámica de la situación actual e incluso de los recursos con los que se cuenta para poner en marcha un proyecto.

2.1 TÉCNICAS ORIENTADAS AL FLUJO DE DATOS

Las técnicas de diagrama de flujo de datos, diccionario de datos y pseudocódigos, te permiten desarrollar habilidades para representar la información. Veamos a continuación en qué consiste cada uno de éstos.

2.1.1 DIAGRAMAS DE FLUJO DE DATOS

Es una técnica que te permite representar gráficamente las funciones que realiza un sistema y el flujo que siguen los datos en todo proceso. Es una de las herramientas más importantes dentro del análisis estructurado, ya que muestra los cambios que sufren los datos en el sistema de información.

Las figuras que se utilizan para representar las funciones son:

NOMBRE	FUNCIÓN	FIGURA
Flujo de datos	Representa las conexiones que existen entre cada proceso y los datos que fluyen entre ellos.	→
Proceso	Identifica los procesos funcionales que transforman los datos de entrada	○

Almacenamiento de información	Representa los datos que son almacenados o en espera de proceso.	

Entidades externas	Representa los elementos externos que pertenecen al medio ambiente y proporcionan información al sistema.	

Regla de construcción

En la elaboración de este diagrama es necesario identificar todos sus elementos, por lo que se deben etiquetar con un nombre descriptivo cada uno de éstos.

Para elaborar el diagrama de flujo de datos se deben considerar:

- El flujo de datos: que describe los datos de manera simple, para no dejar duda sobre su contenido; y
- los procesos: que se ubican por la acción que realizan. Para el manejo de procesos de mayor nivel, se pueden identificar con un número, como se observa en el siguiente ejemplo referido a calcular una nómina y genera facturas.

Ejemplo:

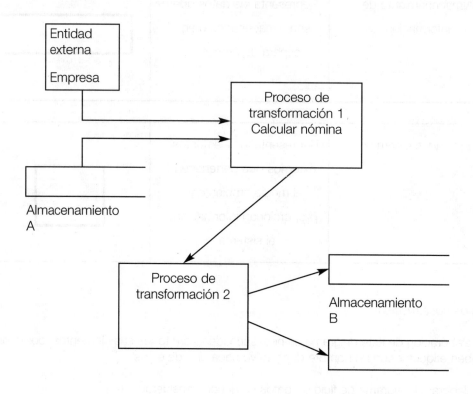

2.1.2 DICCIONARIO DE DATOS

Es una lista de datos organizados del sistema, los cuales fueron manejados dentro del diagrama de flujo de datos.

El siguiente ejemplo sobre datos de alumnos, te muestra los elementos y la forma de realizar un diccionario de datos.

Tabla	Nombre del campo	Tipo de campo	Long. del campo	Descripción
Alumnos	Núm. Cta.	A	10	Número de Cuenta
	Ap_Pat	A	15	Apellido paterno
	Ap_Mat	A	15	Apellido materno
	Nom	A	15	Nombre
	Sem	N	I	Semestre

Núm. Cta.: Número de cuenta; Ap_Pat; apellido paterno; Ap_Mat: apellido materno; Nom: nombre; Sem: semestre

ELEMENTOS DEL DICCIONARIO DE DATOS

Tabla: identifica el nombre de la base de datos que guarda la información.

Nombre del campo: es el nombre lógico con el que se maneja el dato dentro del sistema.

Tipo del campo: se refiere al tipo de datos (alfabético, numérico).

Longitud del campo: indica cuántos espacios de la memoria se deberán considerar para almacenar dichos datos.

Descripción: explica de manera breve y sencilla las características del campo a utilizar.

2.1.3 PSEUDOCÓDIGO

Es la descripción de un algoritmo utilizando palabras en inglés o español antes de traducirlas a un lenguaje de programación. El pseudocódigo le permite al programador analizar la lógica del programa y corregir si existe error.

Ejemplo:

PSEUDOCÓDIGO

```
COMIENZA
Lee dato 1, dato 2


Total = dato1+dato2


Escribe total


TERMINA
```

PROGRAMA

```
BEGIN
Pide los datos
        Read dato1, dato2

Realiza el cálculo
        Total = dato1+dato2

Despliega el resultado
        Write Total

END
```

2.2 TÉCNICA ORIENTADA A LA ESTRUCTURA DE DATOS

La técnica llamada Metodología Warnier favorecerá el desarrollo de tus habilidades para organizar jerárquicamente los datos.

2.2.1 METODOLOGÍA WARNIER

Esta técnica tiene como objetivo realizar diagramas con una estructura jerárquica de datos y procesos, a través de cuadros sinópticos.

La desarrolló en Francia J.D. Warnier, y la dio a conocer en el libro *Programación lógica* en el año de 1974.

Características principales

Describe la información como agrupación jerárquica.

Refleja la jerarquía de los procesos a través de módulos organizados por grupos.

Maneja el símbolo de llave para identificar la jerarquía de cada nivel.

Reglas de construcción

Se desarrollan de izquierda a derecha (forma horizontal).

Se dividen los niveles por el símbolo llave.

Las características se manejan por nivel de arriba hacia abajo.

Maneja elementos de secuencia, selección y repetición.

Estructura del diagrama de Warnier

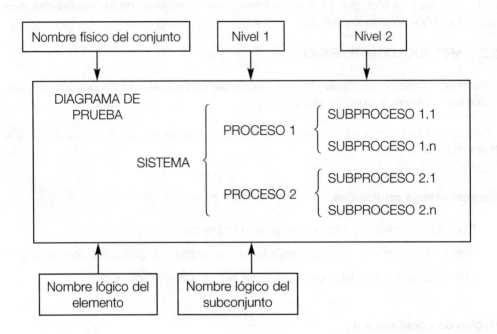

2.3 TÉCNICAS ORIENTADAS A LA TOMA DE DECISIONES

Dentro de las técnicas orientadas a la toma de decisión se encuentran los árboles de decisión y las tablas de decisión, los cuales promueven el desarrollo de tus habilidades para la elección en el manejo de información cuando existen diferentes condiciones y acciones para resolver un problema.

2.3.1 ÁRBOLES DE DECISIÓN

Son diagramas que muestran variables y acciones que se pueden realizar; todos los procesos son representados en forma de árbol. Estos diagramas se utilizan cuando existen pocas decisiones para un elemento.

Un árbol de decisión está compuesto básicamente por puntos y líneas; los puntos indican las condiciones que puede tomar una variable, y las líneas reflejan los procesos o acciones que realizará la condición elegida:

a) Indica una opción o condición   (....................)

b) Indica la acción a seguir dentro de la opción   (_____)

Representación de un árbol de decisión

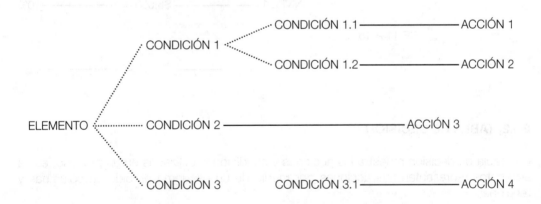

Tómese como ejemplo una empresa que quiere restructurar su sistema de préstamos para sus empleados manejando la siguiente tabla:

Años de antigüedad	Nivel	Cantidad correspondiente	Interés mensual
1 a 5	1	$5,000.00	**10%**
1 a 5	2	$7,000.00	9%
6 a 10	1	$10,000.00	7%
11 a 15	1	$15,000.00	5%
11 a 15	2	$20,000.00	3%

Ejemplo del árbol de decisión de la tabla anterior:

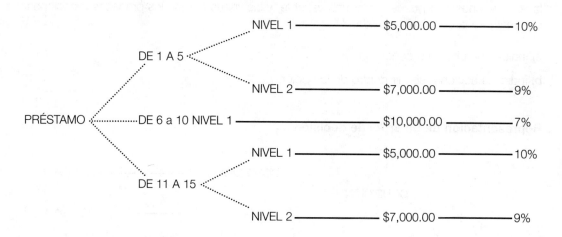

2.3.2 TABLA DE DECISIÓN

Una tabla de decisión muestra las acciones y condiciones utilizadas en un proceso; estos elementos representan sus acciones por medio de un esquema dividido en columnas y renglones.

La estructura de la tabla de decisión está compuesta por cuatro partes:

1. En esta sección se definen todas las condiciones posibles a evaluarse dentro del proceso.

2. En esta sección se confirma si se efectúa la condición.

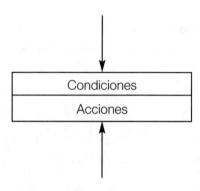

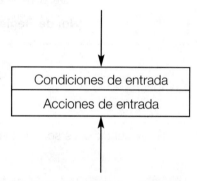

3. En esta sección se muestran todas las acciones que se pueden realizar bajo la condición.

4. Confirma las acciones a realizar dentro del proceso.

Reglas de construcción

La tabla de decisión representa los criterios de condiciones y acciones eliminando las reglas que representen acciones contradictorias y reduciendo al mínimo las acciones. Este tipo de tablas se construye en tres fases.

Identificar las condiciones

Tomando en cuenta el planteamiento original del problema, se identifican las condiciones que se deberán evaluar, tratando de reducir lo más posible las condiciones antes de escribirlas en la tabla.

Identificar las acciones a ejecutar

El procedimiento es parecido al anterior, plasmando las acciones en la tabla.

Generar las reglas de decisión

- Definir las combinaciones de la condición.
- Asignar las acciones derivadas de esas condiciones.
- Generar reglas por un método sistemático:

> Determinar el número de reglas con la operación
>
> **(No. de Reglas = 2^n) (n = número de condiciones)**

Ejemplo:

Si las condiciones son tres, sería: **(2^3 = 8) 2^*2^*2 = 8**

Los renglones se llenarán de la siguiente forma:

1er Renglón: la mitad se llena con **(S)** y la otra mitad con **(N)**.

2do Renglón: una cuarta parte se llena con **(S)** y otra con **(N)** de forma alternada.

(S) = SÍ Y (N) = NO

Los siguientes renglones se llenan alternadamente con S y N, como se muestra en el siguiente ejemplo.

	1	2	3	4	5	6	7	8
CONDICIÓN 1	S	S	S	S	N	N	N	N
CONDICIÓN 2	S	S	N	N	S	S	N	N
CONDICIÓN 3	S	N	S	N	S	N	S	N
ACCIÓN 1	X		X	X		X	X	
ACCIÓN 2		X		X	X	X		X

Ejemplo de una tabla de decisión.

Un alumno tiene que comprar varios cuadernos para las materias de música y matemáticas, el problema es que no recuerda el tipo de cuadernos que requiere: cuadriculado, pautado o rayado.

MATERIAS	1	2	3	4
MÚSICA	S	S	N	N
MATEMÁTICAS	S	N	S	N
A) TIPOS DE CUADERNOS				
CUADRICULADO	X		X	
PAUTADO	X	X		
RAYADO		X		

Es importante señalar que en función de las condiciones se valora la viabilidad de la acción a seguir. En este sentido, como se puede observar, el cuaderno a elegir para la materia de matemáticas deberá ser cuadriculado (condiciones 1 y 3); en tanto que para la materia de música será pautado (condiciones 1 y 2).

Realiza lo que se te pide:

I. Relaciona las siguientes columnas. Anota la letra en el paréntesis que corresponde a la respuesta correcta.

A)

1) ( )	Representa elementos externos que proporcionan información
2) ( )	Representa la conexión entre cada proceso.
3) ( )	Indica los procesos que transforman los datos de entrada.
4) ( )	Representa el almacenamiento de información.

B)

C)

D)

E)

II. A partir del siguiente problema, realiza el diagrama de flujo de datos que lo describa.

Una persona tiene que renovar su licencia de manejo, por lo que acude a la oficina de licencias, identificando los trámites a realizar:

1. Presentar la licencia anterior y credencial de elector.

2. Llenar un formato con sus datos personales.

3. Pasar a la ventanilla por su comprobante de no infracciones.

4. Si no existen infracciones, ir a la caja, pagar el importe de la licencia por los años deseados, tomarse la fotografía y esperar su licencia.

5. Si existen infracciones, acudir a Tesorería y pagar las multas, regresar a la oficina de licencias y realizar el paso 4.

III. Escribe el pseudocódigo para los siguientes cálculos utilizando una estructura lógica, según sea el caso.

1. $1/1 + 1/3 + 1/5 + 1/7 + 1/9 + 1/11 + 1/13$

2. $1^*1 + 2^*2 + 3^*3 + 4^*4 + 5^*5 + 6^*6 + 7^*7 + 8^*8$

3. $1 + 2 + 3 \ldots + 30$

IV. Realiza un diagrama de Warnier con los siguientes datos:

Un alumno desea comprar un *cuaderno*. En la papelería le dan las siguientes características:

a) Tamaño: francés, italiano y profesional.

b) Formato: cuadros (grande y chico), rayado (doble raya) o blanco.

c) Tipo: con grapa o espiral.

V. Tomando los datos del ejercicio IV, realiza un árbol de decisión.

VI. Realiza una tabla de decisiones organizando los siguientes datos:

Un alumno tiene que ir a la escuela y elegir el tipo de ropa que usará para:

Lluvia (sombrilla)

Frío (suéter)

Calor (ropa ligera)

VII. Relaciona las columnas anotando en el paréntesis la letra que corresponda a la respuesta correcta.

1 ( ) Tipo del campo	a) Nombre de la figura que representa los datos que son almacenados o en espera de proceso.
2 ( ) Pseudocódigo	b) Es una lista de los datos organizados del sistema, los cuales fueron manejados dentro del diagrama de flujo de datos.
3 ( ) Proceso	c) Es el nombre lógico con el que se maneja el dato dentro del sistema.
4 ( ) Tabla	d) Nombre de la figura que representa las conexiones que existen entre cada proceso y los datos que fluyen entre ellos.
5 ( ) Diagrama de flujo de datos	e) Nombre de la figura que representa los elementos externos que pertenecen al medio ambiente y que proporcionan información del sistema.
6 ( ) Nombre del campo	f) Identifica el nombre de la base de datos que guarda la información.
7 ( ) Entidades externas	g) Nombre de la figura que identifica los procesos funcionales que transforman los datos de entrada.
8 ( ) Flujo de datos	h) Se refiere al tipo de dato (alfabético, numérico...)
9 ( ) Diccionario de datos	i) Es la descripción de un algoritmo utilizando palabras en español antes de traducirlas a un lenguaje de programación.
10 ( ) Almacenamiento de información	j) Es una técnica para representar las funciones que realiza un sistema y el flujo que siguen los datos en todo proceso.
	k) Es una técnica para ordenar los cambios de información.

VIII. Según la técnica "pseudocódigo", representa el proceso para obtener el cálculo del salario neto de un trabajador, dependiendo del número de horas trabajadas y considerando una tasa de impuestos del 25%.

Para calcular el sueldo bruto considera las horas trabajadas por el pago por hora; la tasa de impuestos equivale al producto del sueldo bruto por 0.25 y el sueldo neto es igual a la diferencia del sueldo bruto y la tasa de impuestos.

```
COMIENZA




TERMINA
```

IX. Enuncia las tres características principales de la metodología Warnier.

a)

_____

_____

b)

_____

_____

c)

_____

_____

X. Anota la palabra que corresponda a la actividad para construir un diagrama de Warnier.

1	Un proceso o dato que puede realizarse desde n hasta m veces dentro de la categoría de información.
2)	Indica la selección entre dos datos o procesos. Se puede seleccionar uno u otro.
3)	Delimita los niveles de la información jerárquica. Todos los datos o procesos contenidos dentro de la llave corresponden a la misma categoría de información.
4)	Negociación o complemento. Se utiliza para definir la contraparte de un proceso o dato.

XI. Desarrolla el diagrama de Warnier. Para generar una factura, considera los siguientes datos:

Datos de identificación como: nombre, domicilio y teléfono.

Detalle: clave, cantidad, descripción y costo unitario.

Total: total bruto, descuento, total neto.

COLEGIO DE BACHILLERES

TÉCNICAS DE ANÁLISIS Y PROGRAMACIÓN DE SISTEMAS

FASCÍCULO 3. TÉCNICAS DE
PROGRAMACIÓN
ESTRUCTURADA

FASCÍCULO 3. TÉCNICAS DE PROGRAMACIÓN ESTRUCTURADA

OBJETIVO. Aplicarás las técnicas de programación estructurada analizando su concepto, estructura y función en la resolución de problemas, lo que te permitirá implementar el proceso de estructuración de la información, con el fin de que desarrolles programas informáticos elementales.

Para comprender los contenidos de esta unidad **requieres ejercitar la agrupación, el detalle, la agregación y desagregación de tareas, haciendo uso de una relación lógica de jerarquía** (de mayor a menor).

A continuación te presentamos los conceptos clave que estudiaremos en este fascículo:

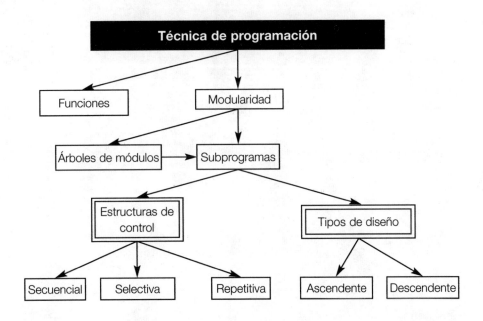

¿Sabías que la solución de cualquier problema puede darse en varias formas?

Una de ellas, sin lugar a dudas, es la programación estructurada, la cual se basa en los siguientes puntos:

A) Secuencial

B) Selectiva

C) Repetitiva

Seguir estas simples reglas nos ayuda a la elaboración correcta y precisa de un programa, y además el número de errores será más bajo, siendo esto comprensible de una manera sencilla, para el análisis o lectura de un programa.

3.1 PROGRAMACIÓN ESTRUCTURADA

En la década de 1950, en la programación no existían reglas o normas para la construcción de programas, y con la evolución de nuevas aplicaciones anteriormente los problemas se incrementaban. La programación estructurada se empezó a manejar a finales de la década de 1960. El nacimiento de esta herramienta sustancial para la evolución dentro de la programación ha permitido mejorar el trabajo computacional.

Los objetivos de la programación estructurada son:

Establecer procesos de diseño.

Establecer lógicas sencillas y comprensibles.

Realizar estructuras fáciles de modificar.

Elaborar objetivos de programa que resuelvan las necesidades.

Realizar programas de alta calidad.

a) Diseño estructurado

Define que un programa puede ser dividido en módulos para lograr mejor calidad dentro de la programación. A este diseño se le llama PROGRAMACIÓN MODULAR, así lo definen Page-Dones (1980), Myers (1975) y Yourdon y Constantine, (1975).

Un MÓDULO es[3]	Una secuencia de instrucciones que se agrupan con un objetivo único: desarrollar una tarea específica.

MODULARIDAD	Es un método que tiene la función de dividir un sistema o programa de mayor tamaño en pequeñas unidades o subrutinas, que desarrollen procesos individuales para lograr la resolución de problemas.

---

[3] COLEGIO DE BACHILLERES. *Apuntes de técnicas para el diseño de sistemas*, Unidad IV, Técnicas de diseño, Agosto, 1990, pag. 67

El diseño modular se fundamenta en la siguiente estructura:

b) Cohesión

Hace referencia al grado de integración de las instrucciones de un módulo.

Cada módulo debe realizar un solo proceso o función.

El proceso en cada módulo debe resolver el problema planteado.

Cada módulo se debe comprender fácilmente; si el proceso que realiza el módulo es complicado, se puede dividir en submódulos más pequeños.

c) Acoplamiento

Muestra y precisa el grado de relación entre módulos

Se busca diseñar módulos que tengan un amplio margen de independencia, pero que de alguna forma se relacionen entre sí.

Este diseño permite que los sistemas tengan más lógica y sean más comprensibles manejando solamente los siguientes parámetros.

Datos de entrada.

Datos de salida.

Proceso que realiza el módulo.

No debemos olvidar que ésta es una herramienta muy significativa para los programadores, ya que se utiliza para el diseño de programas que permite expresar las ideas del programador, utilizando un lenguaje natural y mostrando, de una manera secuencial, las instrucciones del programa sin ninguna ambigüedad.

El pseudocódigo es un lenguaje natural y por lo mismo no ofrece ningún problema para describirlo en una hoja de papel, y posteriormente elaborar el programa a través de cualquier lenguaje de programación.

Existen reglas básicas sintácticas para escribir pseudocódigos; éstas son:

Utilizar palabras como:

o Hacerlo mientras se cumplan una o más condiciones.

o Si se da esta condición, haz esto, y si no, haz lo otro.

Seguir las reglas correspondientes a los márgenes y sangrías dentro del formato de una hoja, para definir el diseño de cualquier estructura descrita.
Desglosar en segmentos la solución diseñada.

Entre más cohesión y menor acoplamiento tenga un módulo, estará mejor construido.
La definición de cada módulo dentro de un programa o sistema debe tener las siguientes características:

Nombre asignado al módulo.

Proceso que realiza el módulo.

Comunicación que tiene con otros módulos.

Ejemplo:

Módulo:
  Actualiza datos de los empleados

Función:
  Da de alta los datos de nuevos empleados
  en el archivo maestro.

Entrada:
  Puesto, sueldo y departamento.

Salida:

El diagrama anterior muestra un ejemplo de un sistema actualizador de control de personal, indicando todos los módulos y funciones. El sistema tiene inicialmente un menú:

ALTAS, BAJAS, CAMBIOS, CONSULTAS, REPORTES Y FINALIZACIÓN

Muestra los módulos y la jerarquía que existe entre ellos.

Cada módulo ejecuta una función específica.

Si faltara, por ejemplo, la rutina de reportes, no estaría completo el proceso.

Los módulos que no tienen conexión, son módulos compartidos por otros procesos.

En la implantación del sistema o programa, los módulos compartidos son integrados en bibliotecas, para ser utilizados por otros procesos en cualquier momento.

3.1.1 ESTRUCTURAS DE CONTROL

Permiten establecer el flujo de la información a través de condiciones y acciones que, al ejecutarse, nos dan un resultado. La programación estructurada define la solución a cualquier problema utilizando las siguientes estructuras: **secuencial**, **selectiva** y **repetitiva**.

a) Secuencial

Ejecuta los procesos en orden jerárquico, uno tras otro, en una secuencia establecida con anterioridad. Cada proceso se define como el conjunto de instrucciones unidas por la estructura dada.

Ejemplo: suma de dos números enteros.

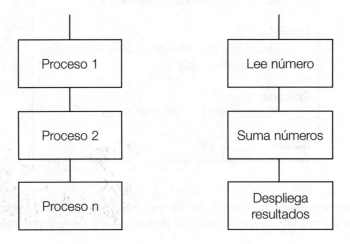

b) Selectiva

Condición simple (IF-THEN-ELSE)

Ejecuta un proceso dependiendo del resultado de la condición. Si la condición fue verdadera, ejecuta el proceso 1, pero si el valor de la condición es falso, ejecuta el proceso 2, uniéndose posteriormente en un proceso 3.

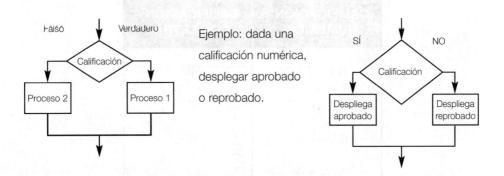

Ejemplo: dada una calificación numérica, desplegar aprobado o reprobado.

c) Condición compuesta (CASE)

Dependiendo del valor de la opción, ejecuta uno de varios procesos.

Como se ve, es posible combinar todas las estructuras.

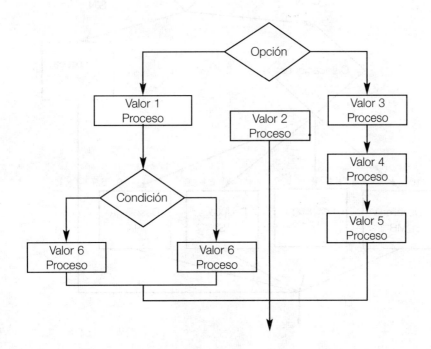

Ejemplo:

Utilizando la estructura de control selectiva compuesta (CASE), representa el siguiente caso:

Asignar una calificación con letra a un alumno, a partir de la siguiente tabla:

CALIFICACIÓN NUMÉRICA	CALIFICACIÓN CON LETRA
8.6 – 10	MB
8.0 – 8.5	B
6.0 – 7.9	S
0.0 – 5.9	NA

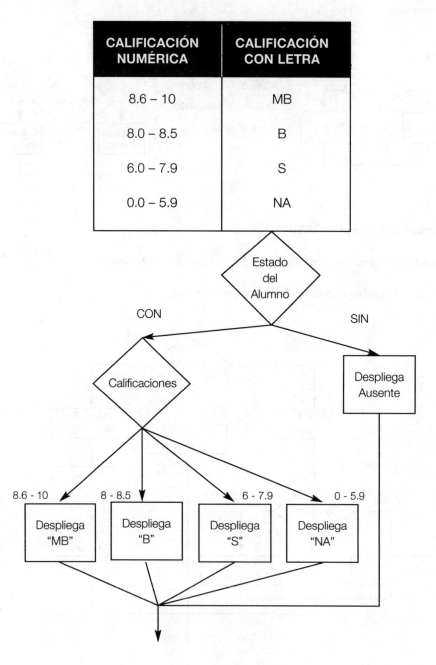

d) Estructura repetitiva

Esta estructura se utiliza para generar un ciclo dentro de un diagrama. El fin del ciclo lo controlan una condición y el valor máximo asignado a la variable. Para el manejo de esta estructura se necesitan tres elementos principales: **valor inicial**, **valor final** e **incremento**.

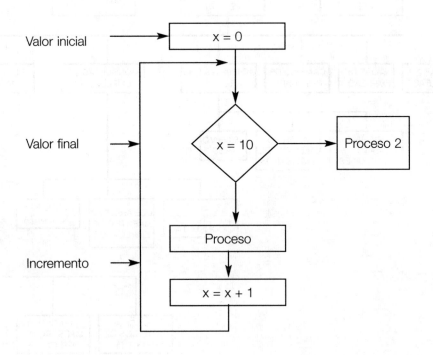

3.1.2 ÁRBOLES DE MÓDULOS

Son diagramas que representan la estructura de un sistema y la jerarquía de los módulos. Los módulos son representados por rectángulos con líneas de conexión entre cada uno de ellos.

A continuación te presentamos el diagrama de módulos referente a un sistema de personal.

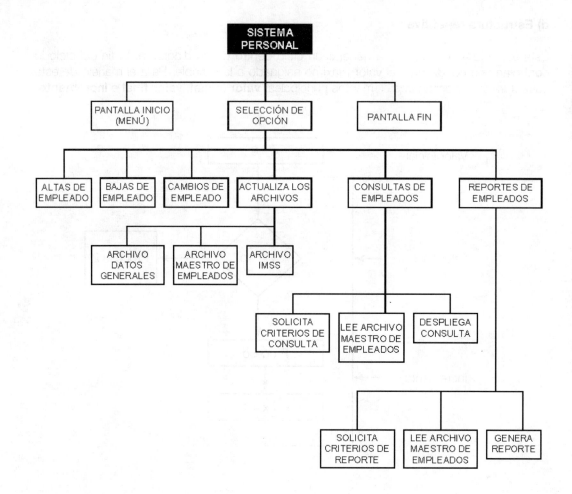

TIPOS DE DISEÑO

Es una técnica que se emplea en la creación de programas utilizando las estructuras de control y la modularidad. Dentro de esta técnica se manejan el diseño **TOP-DOWN** y **BOTTOM-UP**.

TOP-DOWN

En este diseño **se trabajan los módulos de arriba hacia abajo**, iniciando por el módulo principal o programa principal. Este diseño se aplica a cualquier tipo de problema, en especial cuando no se tiene conocimiento profundo del mismo.

Características:

Definir el diseño de cada módulo para la resolución del problema, a través de sus **instrucciones y estructuras de control**.

Definir qué función realiza cada **módulo** sin entrar a **detalle**, **esto es**, cómo realizarán las operaciones.

En el momento de definir a detalle la función de cada módulo, también se define la **comunicación** que tendrá con los demás módulos.

BOTTOM-UP

En este diseño **se trabajan los módulos de abajo hacia arriba**; inicia por identificar los procesos elementales.

Características:

Identificar cada módulo y las funciones que realizará para atacar cada problema.

Manejar a detalle los procesos de cada módulo que se está creando y la comunicación que tendrá con los elementos externos.

Esta técnica no es recomendada cuando no se tiene un conocimiento absoluto de los problemas.

Se obtiene buen resultado si se combina con la técnica TOP-DOWN.

Realiza lo que se te pide:

I. Este diagrama pide el salario de los empleados de una empresa. Si el empleado gana menos de mil pesos se le aumenta 15% sobre su sueldo.

¿Cuáles empleados procesa este diagrama? _____

¿Cuándo termina el proceso en este diagrama? _____

¿Qué tipos de estructuras encuentras? _____

¿Qué pasa con los empleados a los que no se les aumenta? _____

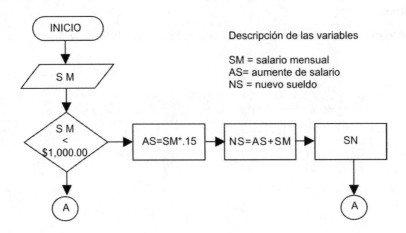

Descripción de las variables

SM = salario mensual
AS= aumente de salario
NS = nuevo sueldo

Al terminar el ejercicio podrás concluir que para plantear la solución de un problema se requiere de la información completa para evitar inconsistencias en la solución.

II. Una persona requiere atención médica y cuenta con un seguro para estos casos.

El seguro le brinda atención en tres clínicas diferentes con las siguientes características:

Clínica No. 1: le brinda traslado en ambulancia, habitación personal, enfermera exclusiva y el seguro aporta el 40% del costo, pero no son especialistas en todas las enfermedades.

Clínica No. 2: está cerca de su domicilio, el seguro aporta 30% del costo, buena atención y son especialistas en todo tipo de tratamiento.

Clínica No. 3: son especialistas, buena atención, excelente tecnología y el seguro aporta el 50% del costo.

Realiza un diagrama utilizando la estructura selectiva compuesta para elegir uno de estos hospitales.

III. Completa el siguiente cuadro, escribiendo el nombre de cada estructura:

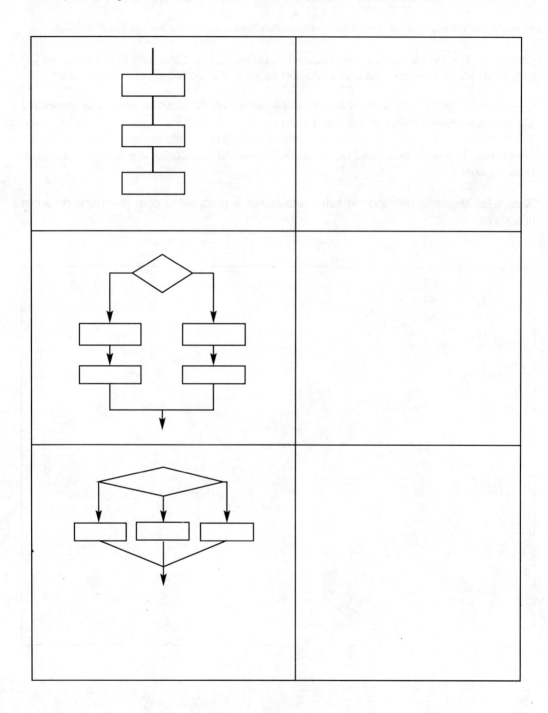

IV. Relaciona las columnas colocando en el paréntesis la letra que corresponda de las opciones del lado derecho:

1. ( ) Muestra y precisa el grado de relación entre módulos.

a) Modularidad

2. ( ) Cada módulo se debe comprender fácilmente; si el proceso que realiza el módulo es complicado, se puede dividir en submódulos más pequeños.

b) Estructura repetir

3. ( ) Método que tiene la función de reducir un sistema o programa de mayor tamaño a pequeños módulos o subrutinas que desarrollen procesos individuales, para lograr la resolución de problemas.

c) Programación modular

d) Árboles de módulos

4. ( ) Define que un programa puede ser dividido en módulos para lograr mejor calidad dentro de la programación.

5. ( ) Permiten establecer el flujo de la información, a través de condiciones y acciones que al ejecutarse nos dan un resultado.

e) Selectiva

6. ( ) Es un diagrama que representa la estructura de un sistema y la jerarquía de los módulos.

f) Secuencial

7. ( ) Ejecuta un proceso dependiendo del valor de la condición; si la condición fue verdadera, ejecuta el proceso 1, pero si el valor de la condición es falso, ejecuta el proceso 2, uniéndose posteriormente en un proceso 3.

g) Cohesión

8. ( ) Ejecuta varios procesos una sola vez en orden jerárquico establecido con anterioridad.

h) Estructuras de control

9. ( ) Esta estructura se utiliza para generar un ciclo dentro de un diagrama. El fin del ciclo lo controlan una condición y un valor máximo asignado a la variable.

i) Condición compuesta

10. ( ) Dependiendo del valor de la opción, ejecuta uno de varios procesos.

j) Diseño ascendente

V. Contesta brevemente las siguientes preguntas:

a) Menciona tres de los objetivos de la programación estructurada.

_____

_____

_____

b) Enuncia tres de los elementos que forman la programación estructurada.

_____

_____

_____

c) ¿Qué es la modularidad?

_____

_____

_____

d) Explica cómo se trabaja el diseño TOP-DOWN.

_____

_____

_____

e) Menciona dos características del diseño TOP-DOWN.

_____

_____

_____

f) Explica en qué consiste el diseño BOTTOM-UP.

_____

_____

_____

g) Menciona dos características del diseño BOTTOM-UP.

_____

_____

_____

h) Utilizando las estructuras de control, plantea la secuencia para resolver ecuaciones cuadráticas considerando la fórmula general; si el usuario quiere evaluar otra ecuación, implicará la repetición de todo el proceso.

Considera que la ecuación general para resolver ecuaciones de segundo grado es la siguiente:

$$x_{12} = \frac{-b \pm \sqrt{b^2 - 4ac}}{2_a}$$ Donde $ax^2 + 9bx + c = 0$, es una ecuación

Recuerda que si el resultado de la raíz cuadrada de la ecuación es negativo, ésta no tendrá solución en los números reales.

COLEGIO DE BACHILLERES

TÉCNICAS DE ANÁLISIS Y PROGRAMACIÓN DE SISTEMAS

FASCÍCULO 4.   METODOLOGÍA OMT

COLEGIO DE BACHILLERES

TÉCNICAS DE ANÁLISIS Y
PROGRAMACIÓN DE
SISTEMAS

FASCÍCULO 4. METODOLOGÍA OMT

OBJETIVO. Explicarás la metodología OMT (Object Metodology Tride), identificando sus atributos, etapas de diseño y uso, lo que te permitirá posteriormente analizar un programa.

Para comprender los contenidos de esta unidad, es necesario que los conceptos y procedimientos que se utilizan sean claros y se apoyen en la representación de diversos ejemplos.

A continuación te presentamos los conceptos clave que estudiaremos en este fascículo:

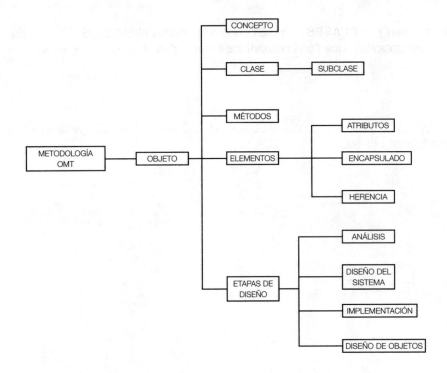

4.1 CONCEPTOS, ELEMENTOS Y CARACTERÍSTICAS

Object Modeling Technique (OMT). Surge a finales de la década de 1980 en el Research and Development Center de General Electric gracias a James Rumbaugh.

La **OMT** se enfoca al manejo de objetos y funciones, de tal forma que se considera una programación rápida y sencilla, enfocada a la generación de ambientes amigables, en la cual se consideran elementos tales como el manejo de colores, imágenes y sonidos. Algunos lenguajes con esta tendencia de programación son: Visual Basic, Visual Dbase, C++ y Turbo Pascal, entre otros.

También se le conoce como **Programación Orientada a Objetos (POO)**. Es una de las metodologías más modernas dentro de la programación; se puede considerar como la siguiente generación de la metodología de programación estructurada.

Las características fundamentales de la POO son: abstracción, encapsulamiento, herencia y polimorfismo.

CONCEPTO. La programación orientada a objetos introduce un nuevo término: objeto, y un modo de implementarlo. En este tipo de programación ya no nos preocupamos por las tareas que realiza cada módulo, sino por la definición de los diferentes objetos que utilizaremos, los cuales pertenecen a una clase o subclase, realizan ciertos métodos y cuentan con diversos elementos.

Los objetos se manejan por **CLASES** (también conocidos como MIEMBROS DE DATOS), que son: atributos y funciones, que son compartidos entre varios objetos. Por ejemplo:

a) Clases

Una clase es un tipo de objeto definido por el usuario. Una clase equivale a la generalización de un tipo específico de objetos.

b) Encapsulamiento

Esta característica permite ver un objeto como una caja negra, en la que se ha metido de alguna manera toda la información relacionada con dicho objeto, lo cual permite manipular los objetos como unidades básicas.

c) Herencia

Es el mecanismo para compartir automáticamente métodos y datos entre clases y subclases de objetos.

d) Polimorfismo

Permite implementar múltiples formas de un mismo método, dependiendo cada una de ellas de la clase sobre la que se realice la implementación. Esto hace que se pueda accesar a una variedad de métodos distintos (todos con el mismo nombre) utilizando el mismo medio de acceso.

En el género humano existe gente alta y baja de estatura.

Existen vehículos de carga, deportivos, de pasajeros, etcétera.

Asimismo, a cada característica que tenga cualquier objeto se le llama SUBCLASE.

EJEMPLO 1:

Clase: vehículos de transporte.

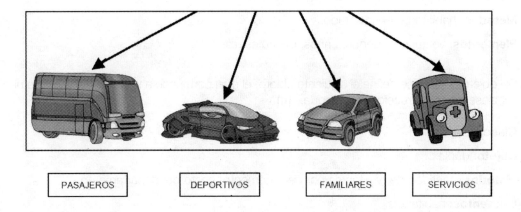

| PASAJEROS | DEPORTIVOS | FAMILIARES | SERVICIOS |

A la par de la definición del objeto se pueden definir los subprogramas que actuarán sobre él. A estos subprogramas particulares del objeto y de la clase que definen se les conoce como **MÉTODOS. (a)**

Se pueden considerar como **elementos** de los objetos a los **ATRIBUTOS**, que son características que los describen en diversos aspectos, tales como: tamaño, color, forma, etc.; al **ENCAPSULAMIENTO**, que es la combinación de dos métodos y datos dentro del propio objeto, es decir, la unidad es completa, ya que en ella se definen los elementos que componen al objeto y todas las operaciones que se pueden hacer con él; y a la **HERENCIA**, que permite declarar un nuevo objeto a partir de otro ya definido, permitiendo que el primero sea una subclase del segundo, lo cual implica que adquiera todos los métodos y datos del segundo objeto. **(b)**

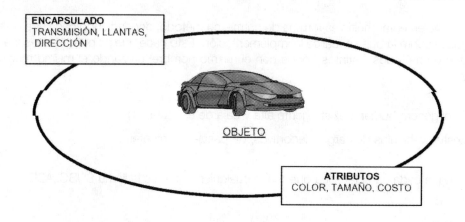

EJEMPLO 2: HERENCIA

Clase: construcción de vivienda. Objeto: edificio.

Métodos: habitado o deshabitado.

Elementos: ventanas, puertas, baños, enchufes, elevador.

Del objeto anterior se define el siguiente objeto, el cual pertenece a la clase "edificio". Es una subclase de "construcción de vivienda." **(c)**

Clase: edificio.

Objeto: dúplex.

Métodos: cantidad de habitantes por departamento: costo del departamento.

Elementos: habitantes.

El objeto "dúplex", gracias a la herencia, tendrá la siguiente definición:

Clase: es de tipo edificio ─────────── es una construcción de vivienda.

Objeto: dúplex.

Métodos: habitado o deshabitado (heredados); cantidad de habitantes por departamento; costo del departamento.

Elementos: ventanas, puertas, baños, enchufes, elevador (heredados) y habitantes.

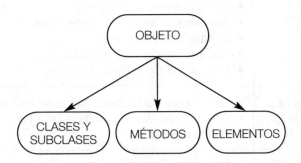

En resumen, podemos decir que un objeto tiene clases, subclases, métodos y elementos (atributos, encapsulado y la herencia).

4.1.1 Metodología OMT

La metodología OMT consta de cuatro etapas para su construcción.

ANÁLISIS	**En esta etapa se construyen** • Modelo objeto. • Modelo dinámico. • Modelo funcional.
DISEÑO DEL SISTEMA	• En esta parte se efectúa la toma de decisiones de la estructura general del sistema.
DISEÑO DE OBJETOS	• En esta parte se manejan a detalle los modelos que son mencionados en la primera etapa, trabajando toda estructura de datos y métodos.
IMPLEMENTACIÓN	• Esta etapa es la de desarrollo de la programación, utilizando un lenguaje ya determinado.

ANÁLISIS

En esta parte se maneja de forma exacta la construcción de los modelos objeto [Rumbaugh, 1991]. Establece los siguientes pasos:

PASOS	ACTIVIDADES
IDENTIFICACIÓN DEL MODELO OBJETO	• Identificar los objetos y clases. • Identificar la asociación entre objetos. • Identificar los atributos. • Agrupar las clases y módulos. • Preparar el diccionario de datos.
IDENTIFICACIÓN DEL MODELO DINÁMICO	• Definir para cada objeto qué eventos tendrá. • Construir los diagramas de estado para el comportamiento de los objetos.
IDENTIFICACIÓN DEL MODELO FUNCIONAL	• Manejar la elaboración de diagramas de flujo de datos para identificar la independencia que existe entre operaciones. • Distinguir los valores de entrada y salida.

DISEÑO DE SISTEMA

ACTIVIDADES
• Definir la estructura del sistema.
• Realizar la división del sistema en partes más pequeñas (subsistemas). Definir subsistemas.
• Definir el momento en que se presenta cada objeto y número de veces que se repetirá el objeto en el proceso.
• Identificar el comportamiento entre el software y hardware para cada proceso. Definir la estructura de las bases de datos, el acceso a cada proceso y el lenguaje que soportará el sistema.

DISEÑO DEL OBJETO

ACTIVIDADES
Es una etapa de refinamiento de detalles.   • Diseñar las operaciones de nueva creación si se requiere, plasmándolas a través de algoritmos.   • Asignar la seguridad o restricción a cada módulo conservando la integridad de información.   • Asignar, de forma precisa, el movimiento, orden de aparición de cada objeto y la relación si es que existe con otros módulos u objetos.   • Definir que el acceso a cada módulo sea de forma sencilla y rápida.

IMPLEMENTACIÓN

ACTIVIDADES
Esta etapa es difícil manejarla a detalle debido a que depende del criterio del personal de informática involucrado con el sistema.

Realiza lo que se te pide:

I. Recordando que las computadoras se clasifican en grupos: **computadoras personales, minis y macros**:

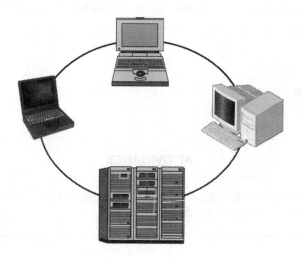

Encuentra las siguientes características:

OBJETO	
CLASES	
SUBCLASES	
ATRIBUTOS	
ENCAPSULADOS	
HERENCIAS DE CLASE	
MÉTODOS	

II. Encontramos cuatro elementos de transporte. Define las características que se te piden para cada uno de los objetos.

Bicicleta

Atributos	
Clases	
Subclases	
Métodos	

Tren

Atributos	
Clases	
Subclases	
Métodos	

Avión

Atributos	
Clases	
Subclases	
Métodos	

Automóvil

Atributos	
Clases	
Subclases	
Métodos	

III. En cada etapa de construcción de un modelo objeto, escribe dos actividades que consideres más importantes.

Análisis	Actividades:
Diseño de sistemas	Actividades:
Diseño de objetos	Actividades:

VI. Contesta lo siguiente:

a) Menciona algunas características de los objetos.

_____

_____

_____

_____

b) ¿Qué **elementos** componen a los objetos?

_____

_____

_____

_____

c) ¿Qué es un **encapsulado**?

_____

_____

_____

_____

d) Explica qué son los **atributos** dentro de un objeto.

_____

_____

_____

_____

e) Menciona dos **etapas** de construcción dentro de la OMT.

_____

_____

_____

_____

f) Escribe el nombre de dos lenguajes **orientados a objetos**.

_____

_____

g) Menciona dos actividades dentro del diseño del sistema.

_____

_____

h) ¿De quién depende la fase de implementación?

_____

_____

i) Revisa el siguiente objeto

Clase: vehículo

Objeto: coche

Métodos: encendido, velocidad.

Elementos: marca, motor, velocímetro.

Define las siguientes subclases con los siguientes objetos: deportivo, sedán y juvenil.

V. Relaciona las columnas colocando en el paréntesis la letra que corresponda de las opciones del lado derecho.

1. (   ) Están compuestos por atributos, métodos y encapsulados.

2. (   ) Son atributos y funciones que se comparten entre varios objetos.

3. (   ) Las clases también se conocen con el nombre de...

4. (   ) Es un elemento compuesto por partes más pequeñas.

5. (   ) Son atributos o características que tienen los objetos antecesores.

6. (   ) Análisis, diseño de sistemas, diseño de objetos e implementación.

7. (   ) POO.

8. (   ) En esta etapa se construye el modelo objeto, modelo dinámico y modelo funcional.

9. (   ) OMT

10. (   ) Es la etapa de desarrollo de la programación utilizando un lenguaje determinado.

a) Clases

b) Agrupaciones

c) Herencia de clase

d) Programación orientada a objetos

e) Implementación

f) Técnica del modelo objeto

g) Etapa de análisis

h) Etapa de construcción OMT

i) Miembros de datos

j) Encapsulados

ACTIVIDADES DE CONSOLIDACIÓN

Con la finalidad de que apliques los conocimientos que has alcanzado con el estudio de este material, responde lo siguiente:

1. Menciona y describe un ejemplo de un sistema.

_____
_____
_____

2. Menciona el nombre de los postulados de la teoría general de los sistemas.

_____
_____
_____

3. Menciona los elementos que caracterizan a los sistemas.

_____
_____
_____

4. ¿Qué tipos de comportamiento existen?

_____
_____
_____

5. ¿Cuántos tipos de sistema existen? ¿Cuáles son?

_____
_____
_____

6. ¿Qué es un sistema de información?

_____

_____

_____

7. ¿Qué es un dato?

_____

_____

_____

8. Relaciona las columnas colocando en el paréntesis del lado izquierdo la opción que corresponda:

( )   Recaba información por medio de captura de datos.   a) Almacenamiento

( )   Clasifica, ordena y trata los datos bajo ciertos criterios.   b) Proceso

( )   Define el tipo de formato para los resultados.   c) Entrada

( )   Asigna el tipo de dispositivo de almacenamiento.   d) Retroalimentación

                                                                  e) Salida

9. Relaciona las columnas colocando en el paréntesis del lado izquierdo la opción que corresponda:

(   ) Es un conjunto de elementos relacionados entre sí que forman un todo coherente que permite el logro del objetivo para el que fue creado.

a) Sistema de información

b) Información

(   ) Es un conjunto de datos organizados lógicamente que permiten reducir la situación de incertidumbre de un sujeto, institución o empresa en un momento dado.

c) Frontera

(   ) Es un conjunto de datos que en un momento dado permite reducir la incertidumbre sobre un hecho o materia.

d) Dato

(   ) Es un valor o anotación con respecto a un determinado hecho o materia y se considera como el elemento principal de la información.

e) Sistema

10. Relaciona las columnas colocando en el paréntesis del lado izquierdo la opción que corresponda:

(   ) Es un conjunto de datos que en un momento dado permiten reducir la incertidumbre sobre un hecho o materia.

a) Sistema de información

b) Dato

(   ) Es un conjunto de instrucciones que sigue la computadora para alcanzar un resultado específico.

(   ) Es un conjunto de elementos relacionados entre sí, que forman un todo coherente y que permite el logro del objetivo para el que fue creado.

c) Programa

d) Sistema

(   ) Es un conjunto de datos organizados lógicamente que permiten reducir la situación de incertidumbre de un sujeto, institución o empresa en un momento determinado.

e) Información

11. Relaciona las columnas colocando en el paréntesis del lado izquierdo la opción que corresponda:

(   ) Es un pre-estudio sobre las operaciones actuales del sistema de operación.

(   ) Es cuando el problema ha sido identificado, los analistas recopilan y analizan los datos.

(   ) En esta etapa se presentan las principales actividades, como el diseño de la base de datos, el diseño de formatos y elaboración de manuales técnicos.

(   ) En esta etapa se definen las estructuras de los archivos y bases de datos, y se desarrollan los programas que integran el sistema.

a) Análisis de sistemas

b) Diseño de sistemas

c) Implantación

d) Estudio de factibilidad

e) Construcción

12. Relaciona las columnas colocando en el paréntesis del lado izquierdo la opción que corresponda:

( ) ─────────────────

( ) ⬭

( ) ▭

( ) ▢

a) Almacenamiento de información

b) Entidades externas

c) Flujo de datos

d) Conector

e) Proceso

13. ¿Qué elementos componen a los objetos?

_____

_____

_____

14. ¿Qué es un encapsulado?

_____

_____

_____

15. ¿Qué son los atributos dentro de un objeto?

_____

_____

_____

16. Escribe el nombre de dos lenguajes orientados a objetos.

_____

_____

_____

AUTOEVALUACIÓN

A continuación te presentamos los elementos que debiste haber considerado para llegar a las respuestas de las actividades de consolidación.

1. Un automóvil: ya que la carrocería, los componentes eléctricos, mecánicos y líquidos, así como la estructura técnica armada lógicamente, permiten llevar a cabo su objetivo principal: transportar a las personas de un lugar a otro.

2.

- La teoría general de los sistemas establece principios que son aplicables a todos los sistemas en general.
- Los sistemas están compuestos por elementos individuales e interactuantes.
- Un sistema se considera como un mecanismo que está en continuo cambio.
- El sistema se comporta como un todo.

3.

- Comportamiento
- Frontera
- Medio ambiente

4.

- Determinístico
- Homeostático
- Teleológico

5. Son dos:

- Sistema abierto: es aquel que interactúa con el medio ambiente permitiendo el inter-cambio de información.
- Sistema cerrado: es el que no presenta intercambio de información y no permite ninguna influencia del medio.

6. Es un conjunto de datos organizados lógicamente que permiten reducir la situación de incertidumbre de un sujeto, institución o empresa en un momento determinado.

7. Es un valor o anotación con respecto a un determinado hecho o materia y se considera como el elemento principal de la información.

8. c, a, e y b

9. e, a, b y d

10. a, e, d y c

11. d, a, b y e

12. b, a, e y c

13.
- Atributos
- Funciones
- Encapsulados

14. Es un elemento que se compone por varias partes o piezas más pequeñas.

15. Son las características que tiene cada objeto (tamaño, color, forma, etcétera).

16.

- Visual Basic
- Visual D-Base
- Visual Fox-Pro

BIBLIOGRAFÍA CONSULTADA

BURCH, John G. y Grudnistki, Gary, *Sistemas de información*. 5ª ed. del inglés, Editorial LI-MUSA, México, 1993.

CAIRO, Osvaldo, *Metodología de la programación*. Tomo I, Alfaomega Grupo Editor, México, 1995.

CEBALLOS, Francisco Javier, *Curso de programación VISUAL BASIC MICROSOFT*, Alfaomega, 2ª ed., México.

COLEGIO DE BACHILLERES, *Apuntes de técnicas para el diseño de sistemas*. Unidad IV. Técnicas de diseño, México, agosto de 1990.

JOYANES Aguilar, Luis, *Fundamentos de programación*, McGraw-Hill, 2ª ed., México.

MORA, José Luis y **MOLINO** Enzo, *Introducción a la información*, Trillas, México, 1995.

NORTON, Peter, *Introducción a la computación*, McGraw-Hill, 3ª ed., México, 2000.

PIATTINI, Calvo Manzano y **CERVERA** Fernández, *Análisis y diseño detallado de aplicaciones informáticas de gestión*, Alfaomega, México, 2000.

SUERO Molina, Servando, *Turbo Pascal*, Ed. Paraninfo, España, 1992.

DIRECTORIO

AGRADECEMOS LA PARTICIPACIÓN DE:

Enrique Austria Gutiérrez
Mario Arturo Badillo Arenas
Leonel Bello Cuevas
Javier Darío Cruz Ortiz

LA EDICIÓN, COMPOSICIÓN, DISEÑO E IMPRESIÓN DE ESTA OBRA FUERON REALIZADOS
BAJO LA SUPERVISIÓN DE GRUPO NORIEGA EDITORES
BALDERAS 95, COL. CENTRO. MÉXICO, D.F. C.P. 06040
1230905000405508DP9200IE